RHEINISCH-WESTFÄLISCHE AKADEMIE DER WISSENSCHAFTEN

Rheinisch-Westfälische Akademie der Wissenschaften

Natur-, Ingenieur- und Wirtschaftswissenschaften   Vorträge · N 248

Herausgegeben von der
Rheinisch-Westfälischen Akademie der Wissenschaften

HERMANN HAKEN

Quantenoptik,
Laser, nichtlineare Optik

Westdeutscher Verlag

226. Sitzung am 3. Juli 1974 in Düsseldorf

ISBN 978-3-531-08248-6   ISBN 978-3-322-90047-0 (eBook)
DOI 10.1007/978-3-322-90047-0

Inhalt

Hermann Haken, Stuttgart
Quantenoptik, Laser, nichtlineare Optik 7

Die Natur des Lichts 7
Die Lichtemission von Lampen und Lasern 11
Analogien zwischen dem Laser und anderen Systemen 13
Nichtlineare Optik 17
Summary 23
Résumé 23

Diskussionsbeiträge

Professor Dr.-Ing. *Arnold Ziermann;* Professor Dr. rer. nat. *Hermann Haken;* Professor Dr. phil. *Heinrich Nassenstein;* Professor Dr. rer. nat. *Karl Heinz Becker;* Dr. rer. nat. *Horst Hermann* 25

Die Quantenoptik ist ein sehr junges Gebiet der Physik. Sie entstand aus dem Streben der Wissenschaftler, die Natur des Lichts zu enträtseln. Neben faszinierenden Einblicken in die Naturgeheimnisse ergaben sich dabei auch revolutionierende technische Anwendungen. In meinem Vortrag möchte ich näher auf diese beiden Aspekte eingehen.

Die Natur des Lichts

Um die Eigenschaften des Lichts zu erklären, stellte der von 1643 bis 1727 lebende Newton die Hypothese auf, daß das Licht aus einzelnen Teilchen besteht, die von den Lichtquellen ausgeschleudert werden und sich dann geradlinig durch den Raum fortpflanzen. Treffen diese Teilchen dann z. B. auf einen Spiegel, so sollten sie an ihm elastisch reflektiert werden, was in zwangloser Weise die Reflexionsgesetze erklärt. Dieser

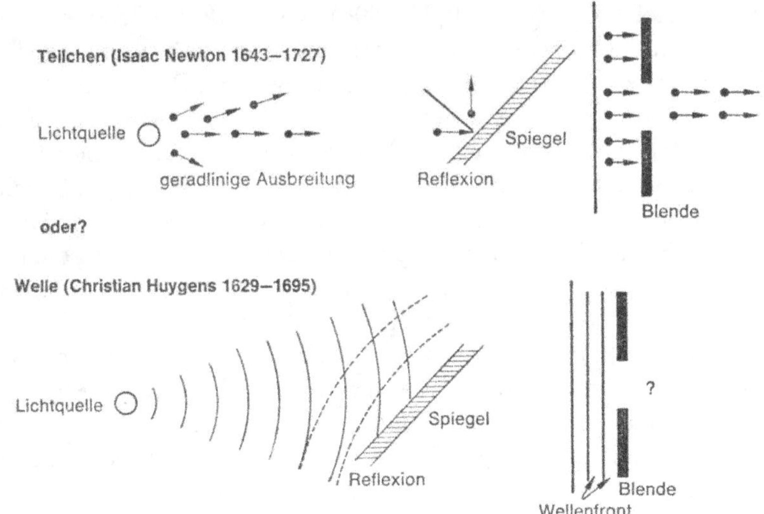

Abb. 1: Die Teilchen- und die Wellenhypothese des Lichts

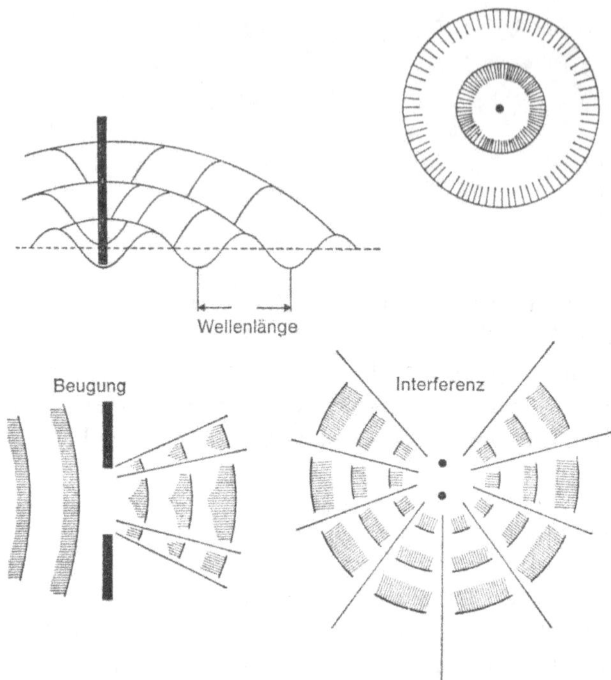

Abb. 2: Einige Grundeigenschaften von Wasserwellen

Hypothese stellte Huygens (1626–1696) eine völlig andere Auffassung
gegenüber. Er interpretierte das Licht als einen Wellenvorgang, wobei
die Wellen von den Lichtquellen ausgesandt werden. Durch eine raffinier-
te Konstruktion konnte er ebenfalls die Reflexionsgesetze am Spiegel
deuten, so daß die Newton'sche und die Huygen'sche Hypothese äquiva-
lent zu sein schienen. Eine experimentelle Unterscheidungsmöglichkeit
bietet sich jedoch, wenn man den Durchgang des Lichts durch einen Spalt
untersucht. Sollte die Teilchen-Hypothese zutreffen, so würden die Licht-
teilchen sich nach dem Spalt geradlinig fortpflanzen. Anders hingegen
würde es sich bei einer Wellenbewegung verhalten. Um dies näher zu erläutern, stellen wir uns die Lichtwelle als eine Wasserwelle vor, die durch
Bewegung eines Stockes im Wasser erzeugt wird. Trifft eine derartige
Welle auf einen Spalt in einem Hindernis, so tritt das bekannte Phäno-
men der Beugung ein, bei dem hinter dem Spalt stark bewegte Bereiche
mit Bereichen völliger Ruhe abwechseln. In ähnlicher Weise treten derartige Bereiche auf, wenn zwei Wellen etwa durch Bewegen zweier Stöcke
im Wasser erzeugt werden. Hier kommt es zur sogenannten Interferenz.

Nachdem sowohl die Beugung als auch die Interferenz bei Lichtwellen experimentell nachgewiesen werden konnten, schien es überzeugend, daß das Licht als eine Wellenerscheinung zu deuten ist. Dies wurde noch mehr durch die elektromagnetische Lichttheorie erhärtet, derzufolge Licht im Prinzip nichts anderes als eine Radiowelle ist, allerdings mit einer viel kürzeren Wellenlänge. Somit schien die Natur des Lichts völlig enträtselt. Im Jahre 1900 begann aber eine neue überraschende Entwicklung. Planck legte den Grundstein zur Quantentheorie, indem er seine berühmte Strahlungsformel aufstellte. Die hier zugrunde liegende Problematik läßt sich am besten am Beispiel eines Ofens erläutern. Bei Zimmertemperatur ist dieser im Innern schwarz. Trotzdem existiert schon eine Strahlung in ihm, die Wärmestrahlung. Wird der Ofen nun aufgeheizt, so erblicken wir in ihm zuerst dunkelrotes Licht, das bei höherer Ofentemperatur sich über gelb zu weiß ändert. Planck gelang es als erstem, diese Farbverschiebung oder genauer gesagt, die Verteilung der Farben („Frequenzen") theoretisch zu erklären, was in der nach ihm benannten Strahlungsformel seinen mathematischen Ausdruck findet. Für das Folgende ist wichtig, daß Einstein diese Strahlungsformel durch die Annahme herleiten konnte, daß das Licht aus Teilchen, den soge- nannten Photonen, besteht. Um die richtige mathematische Form der Strahlungsformel zu finden, mußte er drei verschiedene Prozesse anneh-

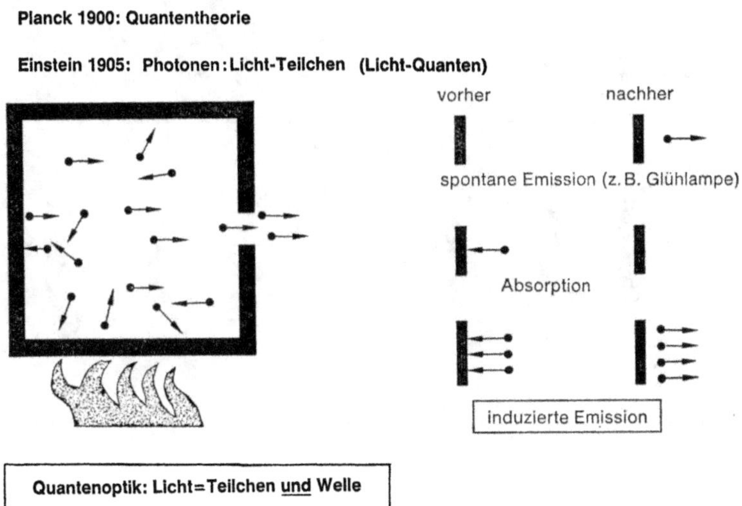

Abb. 3: Die Strahlung im Hohlraum und Elementarprozesse der Photonenerzeugung und -vernichtung

men: Neben der sogenannten spontanen Emission und Absorption der
Photonen durch die Materiewände mußte er auch die *induzierte Emission*
einführen. Hierbei veranlassen ankommende Photonen die Materie, ein
weiteres Photon auszusenden, und zwar ist dieser Prozeß um so wirk-
samer, je mehr Photonen bereits da sind.

Wie wir bald sehen werden, ist die induzierte Emission grundlegend
für die Laserphysik. Die Einstein'sche Herleitung der Planck'schen Strahlungsformel wie auch weitere experimentelle Befunde zeigten, daß das
Licht tatsächlich auch Teilchencharakter besitzt. Dies schien zunächst in
einem eklatanten Widerspruch zur zuvor erwiesenen Wellennatur des
Lichts zu stehen. Im Rahmen der Quantenoptik ist es nun gelungen,
diese beiden Aspekte, Wellennatur und Teilchennatur, miteinander in
Einklang zu bringen. Die Physiker haben erkannt, daß es grundsätzlich
nicht möglich ist, dem Licht nur die eine oder nur die andere Eigenschaft
zuzuschreiben. Je nach der experimentellen Fragestellung zeigt sich das
Licht einmal in dem einen, ein anderes Mal in dem anderen Gewand.
Die moderne Physik hat gelernt, mit dieser „Dualität" des Lichts zu le-
ben und sie mathematisch exakt zu beschreiben. Wir werden auf diese
Doppelnatur des Lichts immer wieder stoßen und sie auch bald zur Beschreibung des Lasers heranziehen.

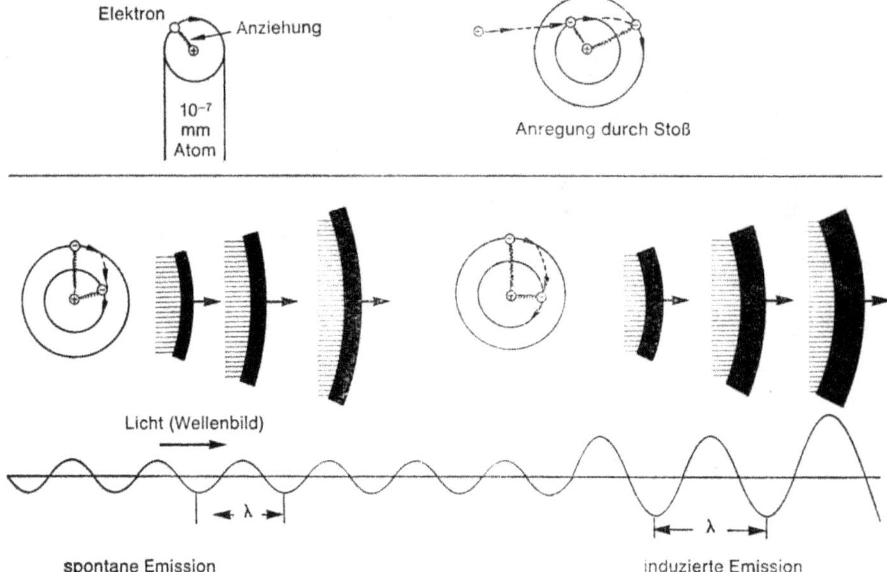

Abb. 4: obere Hälfte: Das Bohr'sche Atommodell
         untere Hälfte: Ausstrahlung des Lichts durch Atome

Die Lichtemission von Lampen und Lasern

Betrachten wir als nächstes die Emission des Lichts durch die Materie
etwas genauer. Wie wir wissen, besteht die Materie aus einzelnen Atomen. Bei dem einfachsten Atom, dem Wasserstoffatom, umkreist ein
einzelnes Elektron den Atomkern. Wie die Quantentheorie lehrt, kann
das Elektron nur ganz bestimmte Bahnen, die sogenannten Quanten-
bahnen, einnehmen. Wird ein Atom durch einen Stoß angeregt, so
springt das Elektron von einer Bahn zu einer anderen. Umgekehrt kann
ein Elektron von einer äußeren Bahn auf eine innere springen, wobei es
Licht aussendet. Trifft die ausgesandte Lichtwelle auf ein zweites ange-
regtes Atom, so kann es dies ebenfalls zur Lichtemission veranlassen („induzierte Emission"). Die ausgestrahlte Welle fügt sich nahtlos oder, wie
wir Physiker sagen, phasengerecht an die ursprünglich einlaufende
Welle.

Wir sind nun in der Lage, den grundlegenden Unterschied zwischen
einer normalen Lampe und dem Laser zu erklären. Betrachten wir zunächst die Lampe, etwa eine Gasentladungslampe. Die angeregten Atome
strahlen Lichtwellen in alle möglichen Richtungen und völlig unabhängig voneinander aus. Hierbei entstehen völlig unkorrelierte Wellenzüge,
die starke Schwankungen der Amplitude aufweisen. Bei der Laserlicht-
quelle hingegen versucht man, das Licht in verschiedener Weise zu selek-
tieren: Indem man an zwei gegenüberliegenden Flächen des Gefäßes, in
dem sich die Atome befinden, Spiegel aufstellt, werden Lichtwellenzüge
oder, mit anderen Worten, Photonen, die in axialer Richtung laufen, länger im Laser bleiben, während die anderen Lichtwellen (Photonen) rasch
entweichen. Die länger im Laser verbleibenden Lichtwellen (Photonen)
können nun durch den Prozeß der induzierten Emission weitere angeregte Atome zum Ausstrahlen zwingen, wobei sich die ausgestrahlten
neuen Lichtwellen phasengerecht an die ursprüngliche Lichtwelle an-
schließen, so daß keine Schwankungen der Amplitude mehr auftreten.
Den Unterschied zwischen Lampe und Laser verdeutlichen wir nochmals
in Abb. 6. Hierzu stellen wir uns einen engen, mit Wasser gefüllten
Kanal vor, an dessen Rand Männchen stehen, die rhythmisch Pflöcke in
das Wasser stoßen. Stoßen diese ihre Pflöcke völlig unabhängig voneinander in das Wasser, so entstehen unkorrelierte Wellenzüge. Dies
entspricht der Lichtemission bei der Lampe, wobei die Aktionen der
einzelnen Männchen der spontanen Emission durch die Atome entsprechen. Im zum Laser analogen Fall hingegen stoßen die Männchen syn-
chron die Pflöcke in das Wasser, so daß eine schöne gleichmäßige Welle

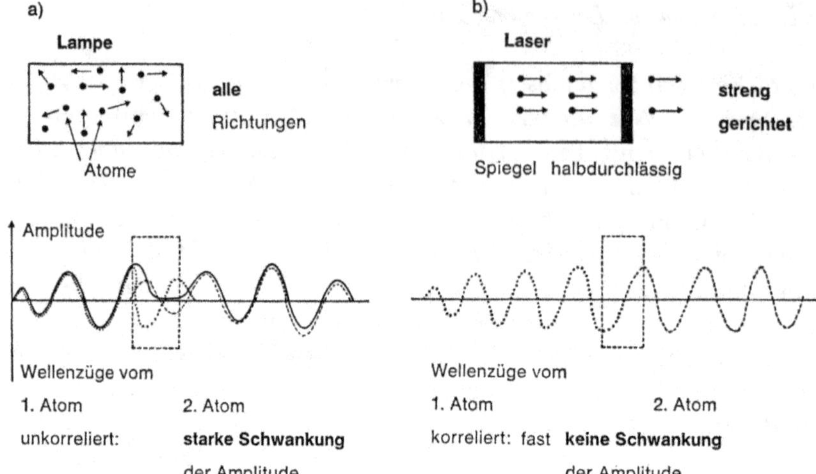

Abb. 5: obere Hälfte: Die Lichtausstrahlung von Lampe und Laser im Photonenbild
(die Pfeile charakterisieren die Flugrichtung der Photonen)
untere Hälfte: Die Lichtausstrahlung von Lampe und Laser im Wellenbild

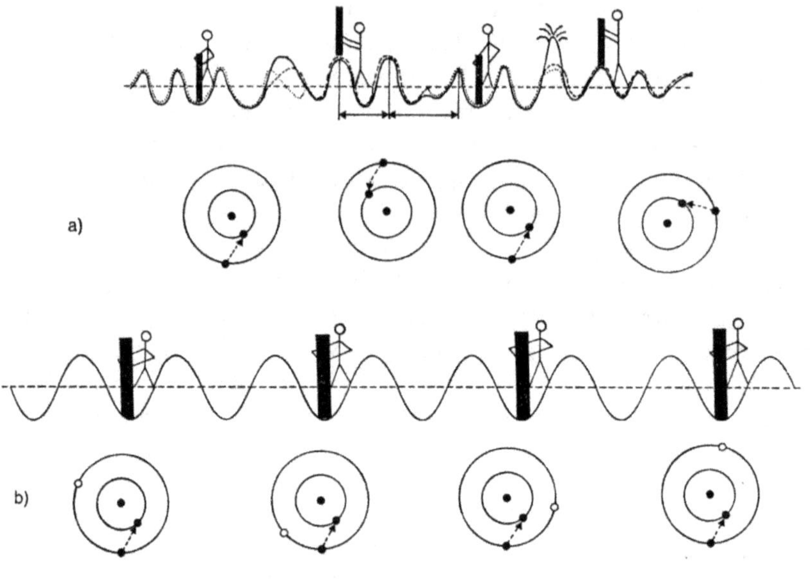

Abb. 6: obere Hälfte: Erzeugung inkohärenter Wasserwellen in Analogie zur Lichtausstrahlung der Lampe
untere Hälfte: Erzeugung kohärenter Wasserwellen in Analogie zur Lichtausstrahlung beim Laser

entsteht. Das Kommando für die gleichzeitige Aktion der Männchen gibt dabei die Wasserwelle selbst, so daß wir hier einen sich selbst steuernden Vorgang vor uns haben, was auch bei der tatsächlichen Lasertätigkeit der Atome der Fall ist: Die ausgestrahlte Lichtwelle reguliert die Ausstrahlung der Atome derart, daß stets eine streng „kohärente", d. h. eine enorm farbreine Lichtwelle erhalten bleibt. Allerdings ist hierfür unbedingt notwendig, daß stets genügend viele angeregte Atome zur Verfügung stehen, d. h., daß stets ein genügend großer Energiefluß von außen dem Laser zugeführt wird.

Analogien zwischen dem Laser und anderen Systemen

In den letzten Jahren wurden tiefgreifende Analogien zwischen der Lasertätigkeit und anderen Erscheinungen in der Physik (wie auch in anderen Wissenszweigen) aufgedeckt. Ich erwähne hier zum einen die enge Analogie mit den sogenannten Phasenübergängen, was anhand der Abb. 7 erläutert sei. Betrachten wir hierzu einen Ferromagneten, den man sich bekanntlich aus vielen Elementarmagneten zusammengesetzt denken kann. Beim Ferromagneten gibt es nun zwei „Phasen", nämlich

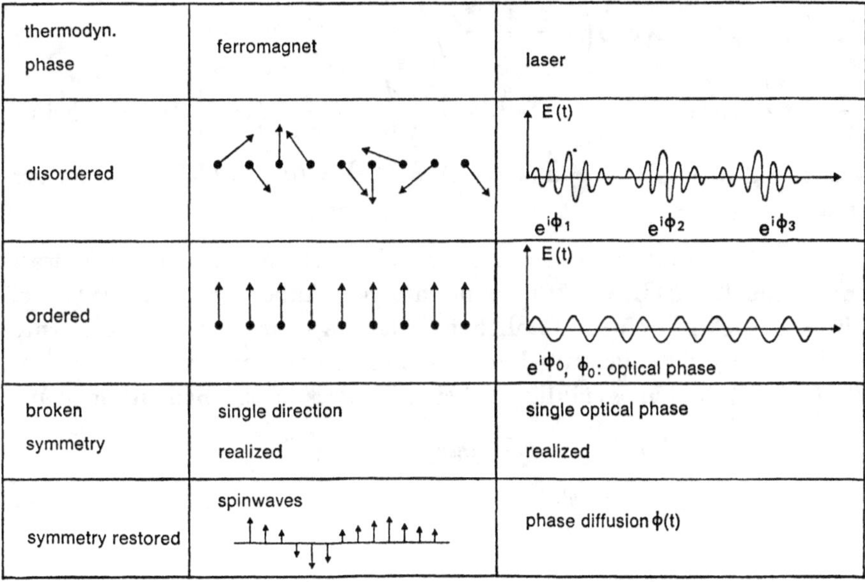

Abb. 7: Die Phasenübergänge beim Ferromagneten und beim Laser

bei höheren Temperaturen eine *ungeordnete Phase*, in der die Elementarmagnete in statistisch verteilte Richtungen zeigen, und bei tieferen Temperaturen eine *geordnete Phase*, bei der die Elementarmagnete alle in die gleiche Richtung weisen. Analoge Verhältnisse treffen wir beim Laser an. Werden die Laseratome nur selten von außen angeregt, so strahlen sie unabhängig voneinander Wellenzüge ab, die daher völlig unkorreliert sind und somit der ungeordneten Phase beim Ferromagneten entsprechen. Bei einer hinreichend großen Energiezufuhr hingegen erzeugen die Laseratome eine kohärente Welle, die der völlig geordneten Phase entspricht. Beim Ferromagneten, wie auch beim Laser, erfolgt der Übergang von der ungeordneten zur geordneten Phase abrupt. Da die Elementarmagnete des Ferromagneten im geordneten Zustand alle in eine Vorzugsrichtung weisen, obwohl alle Richtungen gleichberechtigt wären, spricht man hier von einer „gebrochenen Symmetrie", die man auch beim Laserlicht wiederfindet. Der Begriff der Symmetriebrechung ist übrigens grundlegend für viele Gebiete der modernen Physik. Wie weit die Analogie zwischen Systemen im thermischen Gleichgewicht geht, möchte ich, allerdings vorwiegend für die Experten auf diesen Gebieten, mathematisch erhärten.

Formel (1) stellt die Wahrscheinlichkeitsverteilung der Laserlicht-Amplitude (elektrische Feldstärke u) dar. Der Exponent ist dabei ein

$$\text{Laser: } f(u, u^*) = N \exp\left(-\frac{B\,(u, u^*)}{Q}\right)$$

$$\frac{B}{Q} = \int \left\{\tilde{\alpha} \mid u(x) \mid^2 + \tilde{\beta} \mid u(x) \mid^4 + \tilde{\gamma} \mid \left(\frac{d}{dx} - i\frac{\omega_0}{c}\right) u(x) \mid^2\right\} dx \quad \text{Formel (1)}$$

$u(x)$: field strength, $\tilde{\alpha} = \tilde{a}\,(d_c - d)$, $\tilde{\alpha}, \tilde{\beta}, \tilde{\gamma} > 0$, $d = (N_2 - N_1)$: inversion, $d_c = (N_2 - N_1)_c$

Integral über die Länge des Lasers, wobei neben einem in u quadratischen Glied ein Glied 4. Ordnung auftritt. Außerdem erscheint noch ein Ausdruck mit einer räumlichen Ableitung. Die Struktur dieses Integrals ist von der Ginzburg-Landau-Theorie der Supraleitung her (vgl. Formel (2)) bestens geläufig, wobei die physikalische Bedeutung von ψ

superconductivity: Ginzburg-Landau theory

$$f(\psi, \psi^*) = N \exp\left(-\frac{F\,(\psi, \psi^*)}{kT}\right) \qquad\qquad \text{Formel (2)}$$

$$F = \int \left\{\alpha \mid \psi(x) \mid^2 + \beta' \mid \psi(x) \mid^4 + \frac{1}{2\,m} \mid (\nabla - i2eA(x))\,\psi(x) \mid^2\right\} d^3x$$

eine völlig andere als die von u ist. ψ ist die Paarwellenfunktion der Supraleitungselektronen. Sowohl beim Laser als auch in der Supraleitung ändern am Phasenübergangspunkt die Koeffizienten $\tilde{\alpha}$ bzw. α das Vorzeichen. Diese enge Analogie ermöglicht es, einen großen Teil der Begriffsbildungen, die bei der Theorie der Phasenübergänge von Systemen im thermischen Gleichgewicht (wie Ferromagneten oder Supraleiter) entwickelt worden sind, nun auf den Laser anzuwenden. Die Aufdeckung dieser Analogie kam für viele Physiker um so überraschender, als es sich beim Laser im thermodynamischen Sinn um ein neuartiges System handelt, das sich weit vom thermischen Gleichgewicht entfernt befindet. Um dieses zu veranschaulichen, betrachten wir nochmals eingehend anhand von Abb. 8 den Laser, der, wie schon erwähnt, aus einer Reihe von laseraktiven Atomen besteht. In den Diagrammen ist auf der Ordinate die Energie W des Elektrons eines einzelnen Atoms entsprechend den Bahnen von Abb. 8 dargestellt; auf der Abszisse die Zahl N der Atome, deren Elektronen die entsprechende Energie (Bahn) haben. Ohne energetische Anregung von außen ist (im thermischen Gleichgewicht) das unterste atomare Niveau mit der Energie W_1 stark, das nächst höhere Niveau mit der Energie W_2 nur schwach besetzt, so daß $N_1 \gg N_2$. Diese Besetzung läßt sich durch eine sogenannte Boltzmann-Verteilung mit einer positiven Temperatur $T > 0$ beschreiben. Wird von außen Licht auf das Atom eingestrahlt, so wird das Atom in den höheren Zustand „gepumpt". Dadurch erhält man eine positive Inversion $N_2 - N_1 > 0$, die sich durch eine Boltzmann-Verteilung mit negativer Temperatur $T < 0$ beschreiben

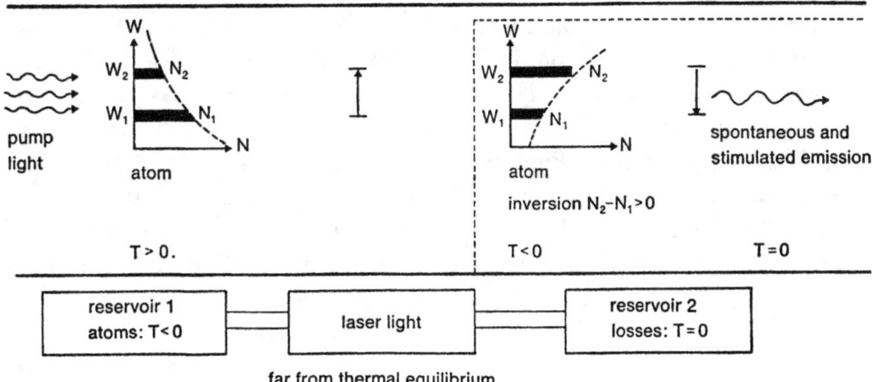

Abb. 8: obere Hälfte: Energieschema eines Atoms vor und nach der Anregung
untere Hälfte: Laserlicht als thermodynamisches System weit vom Gleichgewicht

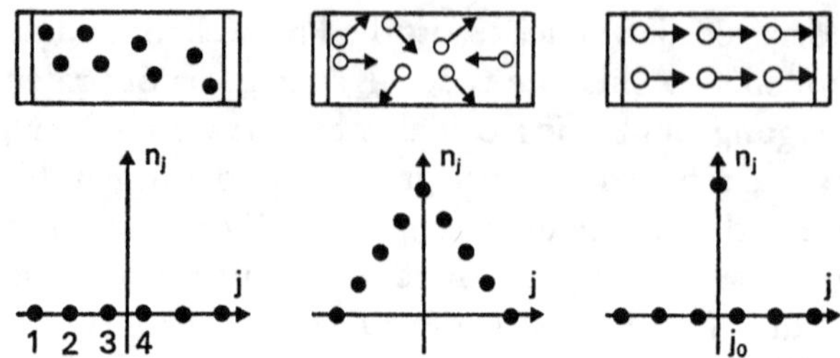

Abb. 9: obere Hälfte: von links nach rechts:
                        Laser mit angeregten Atomen,
                        Photonenemission in alle möglichen Richtungen,
                        Auswahl einer einzigen Photonensorte
        untere Hälfte: von links nach rechts:
                        Die Zahl der Photonen der Sorte j vor der Ausstrahlung,
                        unmittelbar bei Beginn der Ausstrahlung,
                        im stationären Laserbetrieb: nur eine Photonensorte überlebt

läßt. Angeregte Atome senden nun zunächst spontan, später induziert
Licht aus, das später wieder von der Außenwelt absorbiert wird, wobei
man die Temperatur der Außenwelt praktisch mit $T = 0$ annehmen
darf. Betrachten wir das Laserlicht als ein thermodynamisches System,
so erscheint dieses hier an zwei Reservoirs gekoppelt, nämlich an das der
Atome mit negativer Temperatur und das der Verlustmechanismen oder
Absorber mit der absoluten Temperatur $T \approx 0$. Zweifellos handelt es
sich also beim Laserlicht um ein System, das weit vom thermischen Gleichgewicht entfernt ist und durch das ständig ein Energiestrom fließt.

Die mathematische Durchdringung des Laserproblems hat weitere
Analogien, und zwar besonders auf das Problem der Evolution bzw.
Selektion in der Biologie gefunden. Dies sei anhand der Abb. 9 erläutert,
die wiederum den Laser zeigt. Die Punkte im Kasten links charakterisieren die angeregten Laseratome, die Pfeile im mittleren Kasten die
einzelnen ausgestrahlten Photonen. Dies entspricht dem Anfangszustand
des Lasers, in dem Photonen noch in alle möglichen Richtungen aus-
gestrahlt werden. Setzt schließlich Lasertätigkeit ein, so werden nur noch
Photonen in einer Richtung produziert. Die anderen Photonen sind aus-
gestorben. Dies ist nochmals in der darunterliegenden Zeile charakteri-
siert. Nach oben ist die Zahl der Photonen der Sorte j aufgetragen. Links
sind noch keine Photonen vorhanden, in der Mitte werden zunächst
Photonen spontan und zum Teil auch induziert abgestrahlt, wobei alle
Arten von Photonensorten produziert werden. Schließlich setzt aber ein
Konkurrenzkampf unter den Photonensorten ein. Die Photonensorte,

die am raschesten produziert wird, frißt am schnellsten die angeregten Atome weg, so daß für die weniger erfolgreichen Photonen keine „Nahrung" mehr übrig bleibt und nur noch eine Photonensorte überlebt. Es ist daher nicht erstaunlich, daß die Lasergleichungen, die diese Selektion beschreiben, später in der Theorie der Evolution von biologischen Molekülen, wie sie von Eigen entwickelt worden sind, in genau der gleichen Form wieder auftauchen.

Nichtlineare Optik

Nachdem wir bisher eingehend über verschiedene Aspekte der Quantenoptik und des Lasers gesprochen haben, gehen wir auf einige charakteristische Anwendungen des Laserlichts ein. Wir besprechen zunächst einige Anwendungen in der nichtlinearen Optik. Wird rotes Laserlicht auf bestimmte Kristalle gesandt, so verwandelt dieser das rote Licht in blaues. Im Wellenbild läßt sich dieser Vorgang so deuten, daß die Wellenlänge des roten Lichts halbiert wird. Im Photonenbild hingegen müssen wir den Vorgang so interpretieren, daß aus zwei roten Photonen ein einziges blaues Photon entsteht. Auch der umgekehrte Vorgang, in dem blaues Laserlicht in rotes Licht verwandelt wird, ist beobachtet worden. Um die Erzeugung des blauen Lichts näher zu verstehen, bedienen wir uns eines mechanischen Modells. Hierzu denken wir uns ein Wasser-

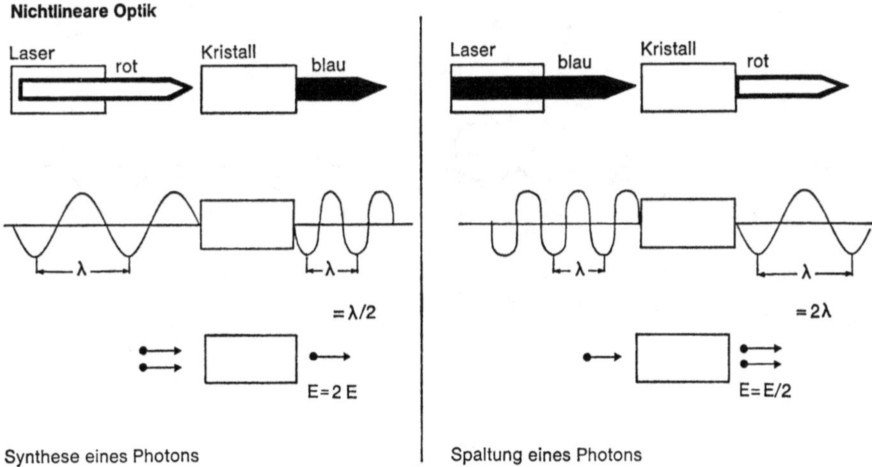

Abb. 10: Die Verwandlung von rotem in blaues Licht in einem nichtlinearen Kristall

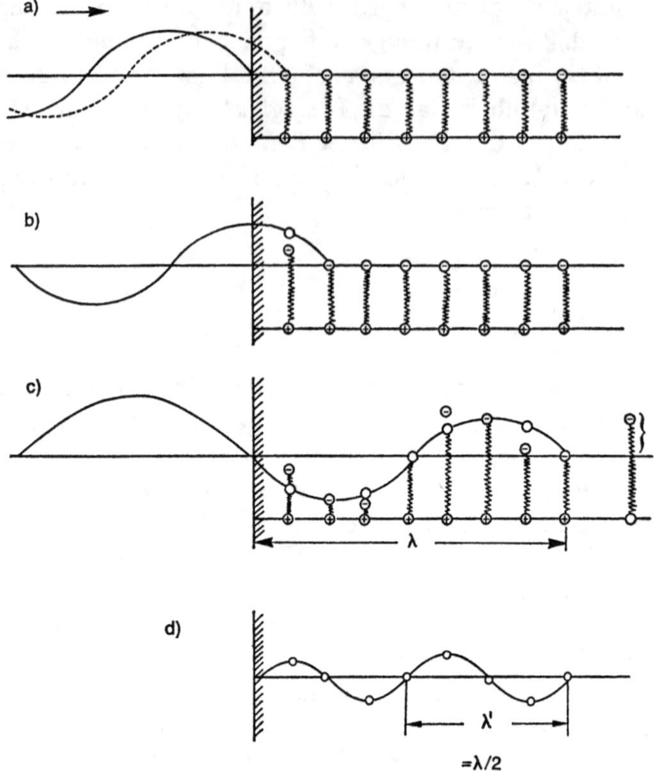

Abb. 11: Ein mechanisches Modell für die Erzeugung der sogenannten 2. Harmonischen

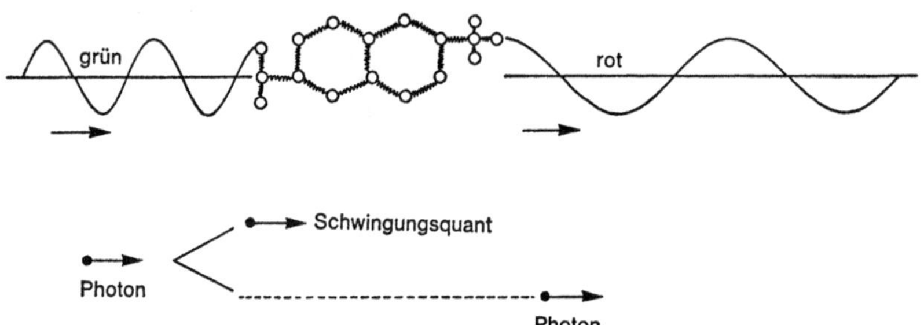

Abb. 12: Der Ramaneffekt in einem organischen Molekül,
links einfallendes Licht, rechts ausgesandtes Licht
untere Hälfte: Aufspaltung eines Photons in ein Schwingungsquant und ein
zweites Photon mit geringerer Energie

bassin, in dem Bojen an Federn befestigt sind. Läuft von links her nun eine Wasserwelle in das Bassin ein, so werden die einzelnen Bojen angehoben. Nimmt man nun an, daß die Federkraft der Bojen einen anharmonischen Anteil besitzt, so folgt die Boje der Welle nicht sofort (vgl. die 2. Boje von rechts im 3. Bild von oben), später jedoch übersteuert die Boje und erhält einen noch höheren Ausschlag (4. Boje von rechts in diesem Bild). Trägt man nun die zusätzlichen Amplituden der Bojenausschläge auf, so entsteht die im untersten Bild gezeichnete Kurve, die die halbe Wellenlänge der ursprünglich einfallenden Welle aufweist (Abb. 11). Stellt man sich nun vor, daß die Bojen wieder Wasserwellen aussenden, so wird hier zu der ursprünglichen Welle offenbar noch die eingezeichnete Wasserwelle erzeugt. Anhand dieses Modells erkennen wir, daß eine Umwandlung einer Welle in eine andere mit halber Wellenlänge möglich ist. Um dieses Modell auf den oben erwähnten Vorgang der Farbänderung des Lichts im Kristall anzuwenden, müssen wir die Wasserwellen mit den Lichtwellen, die Bojen hingegen mit anharmonisch gebundenen Elektronen in Analogie setzen. Die hier beschriebenen Prozesse geben die Möglichkeit, Licht einer Farbe in Licht anderer Farbe zu transponieren.

Eine andere wichtige Anwendung des Laserlichts ergibt sich beim sogenannten Ramaneffekt. Strahlt man Laserlicht auf Moleküle, so beginnen die Moleküle zu schwingen, wobei sie unter Umständen einen Teil der Lichtenergie aufnehmen, während sie den restlichen Teil der Lichtenergie abstrahlen, wobei das Licht eine andere Farbe erhält. Aus der Farbänderung kann man auf die Molekülschwingungen zurückschließen. Da aber die Molekülschwingungen selbst wieder für die verschiedenen Moleküle charakteristisch sind, kann man auf diese Weise Molekülsorten identifizieren, was für chemische Untersuchungen von wesentlicher Bedeutung ist. Ein weiterer interessanter Effekt besteht in der sogenannten selbstinduzierten Transparenz. Stellen wir uns hierzu einen Körper vor, der Licht absorbiert. Es ist nun möglich geworden, sehr kurze Lichtimpulse zu erzeugen, die nicht mehr von dem Körper absorbiert werden, sondern diesen mit lediglich verringerter Geschwindigkeit durchdringen. Der zugrunde liegende Mechanismus sei wiederum an einem mechanischen Modell (vgl. Abb. 13) erläutert. Hierzu denken wir uns eine Reihe von Hanteln, die beweglich an einer Decke aufgehängt sind. Diese Hanteln symbolisieren die einzelnen Atome des absorbierenden Kristalls. Das Licht stellen wir mit einem Männchen auf einem Karren dar. Trifft nun das Männchen (Licht) auf eine Hantel (Atom), so wird die Hantel nach oben geschwungen (die Elektronen im Atom fangen an zu oszil-

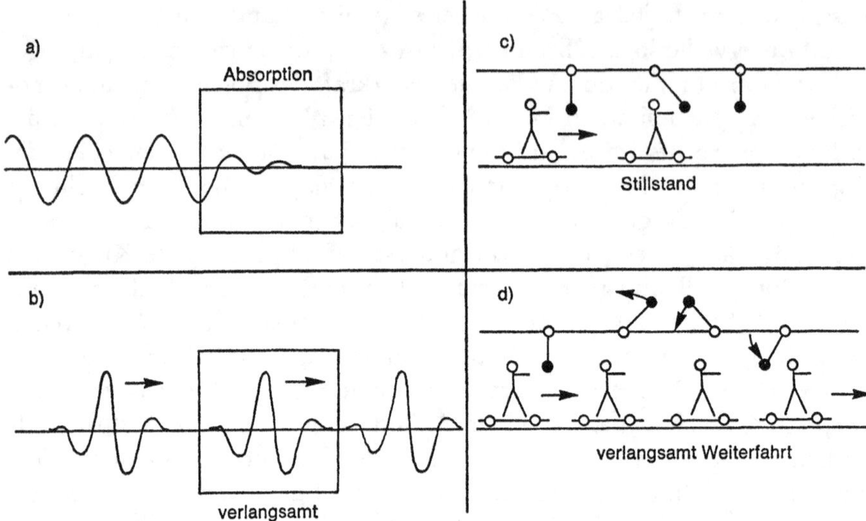

Abb. 13: linke Hälfte: Die selbstinduzierte Transparenz bei kurzen Impulsen
rechte Hälfte: Ein mechanisches Modell

lieren), das Männchen kommt zum Stillstand (das Licht ist absorbiert).
Sodann fällt die Hantel wieder herunter (das Atom geht wieder in den
Grundzustand), das Männchen wird getroffen und wieder in Fahrt gesetzt
(das Licht ist wieder emittiert worden). Dieses einfache mechanische
Modell, dessen mathematische Beschreibung übrigens völlig identisch mit
der des analogen Lichtvorganges ist, macht verständlich, daß das Licht
den Kristall durchdringen kann, allerdings mit einer verminderten Geschwindigkeit. Laserlicht kann auch in sehr kurzen Impulsen erzeugt
werden, nämlich von 10^{-12} sec Dauer. Dadurch wird die unglaublich
hohe Intensität von 10^{13} Watt erreicht, was der Leuchtkraft von 100 Milli-
arden Glühlampen entspricht. Dies ist mehr als die Leistung aller
amerikanischen Kraftwerke zusammengenommen. Anwendungsmöglich-
keiten dieses unvorstellbar kurzen Impulses zeichnen sich in der Nach-
richtentechnik ab, wo man eine Art Morsecode (Impulsmodulation)
einführen könnte, wobei sich wegen der ungeheuer kurzen Impulsdauer
eine sehr hohe Übertragungskapazität ergibt, die das aller bisherigen
Nachrichtensysteme bei weitem übersteigt. Weitere Anwendungen würden sich bei Rechenmaschinen ergeben, wobei aber noch der Energie-
aufwand zu groß zu sein scheint, um mit heutigen Systemen konkurrieren
zu können.
Eine wichtige Anwendungsmöglichkeit kurzer Impulse findet sich in

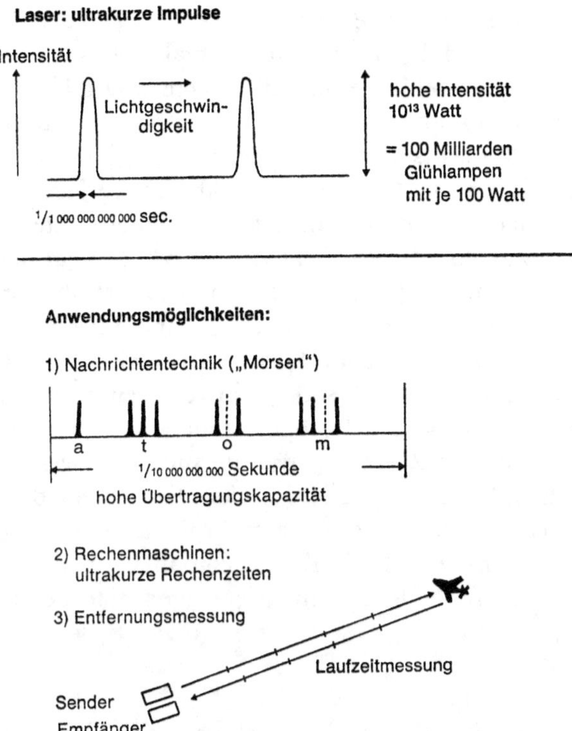

Abb. 14: Einige Anwendungsbeispiele für ultrakurze Impulse

der Entfernungsmessung. Schließlich gestatten es diese Impulse, physikalische Vorgänge kürzester Dauer anzuregen und zu messen, so zum Beispiel die Relaxation und Energieübertragung von Molekülschwingungen.

Laserlicht läßt sich auch mit einer sehr hohen Dauerleistung gewin-
nen, so daß man an Schweißen und Schneiden von Metallplatten denken
kann. Hierzu sind CO_2-Laser, die über 200 m lang sind, entwickelt worden oder ein sogenannter gasdynamischer Laser, bei dem durch Düsen
ein Gemisch aus N_2 und CO_2 in den Laser eingeblasen wird.

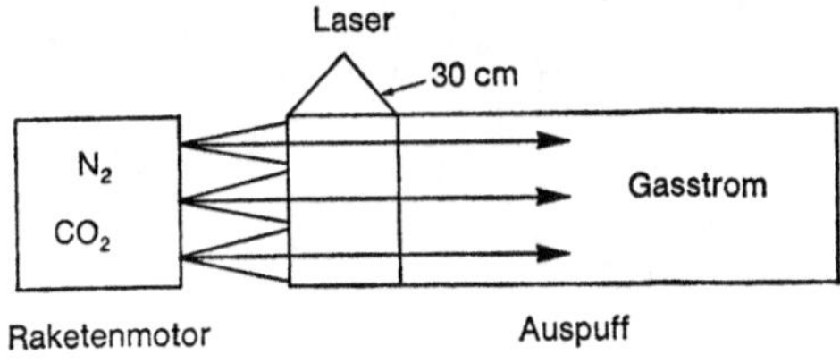

Abb. 15: Ein mit einem Raketenmotor gespeister Laser

Abschließend seien noch zwei weitere, in letzter Zeit diskutierte und im Labor untersuchte Verfahren erwähnt. Einmal bietet sich das Laserlicht an, um auf wesentlich billigere und effektivere Weise Uran-Isotope, die für die Kernkraftwerke benötigt werden, zu trennen. Hierbei muß das nur in geringem Prozentsatz vorkommende Uran-Isotop U^{235} von dem für die Kernspaltung nicht verwendungsfähigen U^{238} getrennt werden. Dies geschieht dadurch, daß man Laserlicht bestimmter Wellenlänge einstrahlt, das zwar von dem U^{235} absorbiert wird, nicht aber von U^{238}, wobei ein U^{235}-Atom angeregt wird. Durch Einstrahlung mit einem zweiten Laserstrahl anderer Wellenlänge kann nun das U^{235} ionisiert, d. h. elektrisch geladen werden. Durch Anwendung elektrischer und magnetischer Felder lassen sich sodann in recht einfacher Weise die geladenen von den ungeladenen Isotopen trennen.

Die zweite, in letzter Zeit intensiv untersuchte Anwendungsmöglichkeit von Laserlicht besteht in der Kernfusion. Hierbei soll durch Einstrahlung sehr intensiven Laserlichts auf eine Probe eine derartig hohe Temperatur erreicht werden, daß die Kernfusion ablaufen kann. Erste Experimente, auf diese Weise Neutronen zu erzeugen, sind bereits erfolgreich verlaufen.

In dem vorliegenden Vortrag habe ich versucht, einige Entwicklungstendenzen auf dem Gebiet der Quantenoptik aufzuzeigen. Ich hoffe, daß meine Ausführungen gezeigt haben, wie das völlig anwendungsfreie Forschen, nämlich die Frage nach der Natur des Lichts, schließlich in ungeahnter Weise dazu führte, völlig neuartige und für die weitere Entwicklung der Menschheit wesentliche Anwendungen des Laserlichts zu finden. Ich hoffe, daß auch hervorgegangen ist, wie auf diesem Weg immer wieder neue überraschende Einblicke und Zusammenhänge gefunden wurden.

Summary

Following an explanation of the basic concepts of quantum optics, with particular reference to the character of light waves and particles, the function of the laser is described in detail, this description being concerned mainly with the coherent properties of radiated light. There then follow a few important examples of the different uses to which the laser can be put.

Résumé

Après une explication des formations des notions fondamentales de l'optique quantique, tout particulièrement du caractère des ondes et des particules de la lumière, le fonctionnement du laser est expliqué en détail, surtout en ce qui concerne la cohérence de la lumière irradiée. Suivant ensuite quelques exemples importants pour les diverses possibilités d'application de la lumière laser.

Diskussion

Herr Ziermann: Sie haben in Ihrem Vortrag eine Gleichung angegeben für die Änderung der Anzahl der Photonen, aus der man die Änderung der Kohärenz ableiten konnte. Ist es möglich, die drei einzelnen Terme, die da auftauchen, anschaulich zu interpretieren?

Herr Haken: Man kann tatsächlich die einzelnen Terme relativ einfach deuten. Hierzu betrachten wir die zeitliche Änderung der Zahl der Photonen der Sorte j. Nach der Einstein'schen Hypothese ist bei der induzierten Emission die Zahl der pro Sekunde emittierten Photonen proportional der Zahl der schon vorhandenen Photonen n_j und proportional zur Zahl der angeregten Atome, N_2. Die Zuwachsrate lautet also $G_j N_2 n_j$, wobei G_j ein konstanter Faktor ist. (Von der spontanen Emission, die für den eigentlichen Laserbetrieb unwesentlich ist, wollen wir hier absehen.)

Andererseits werden Photonen durch die N_1-Atome im Grundzustand wieder absorbiert; die zugehörige Verlustrate lautet

$$- G_j N_1 n_j$$

Die Netto-Gewinn-Rate ergibt sich daraus zu

$$G_j (N_2 - N_1) n_j \tag{1}$$

Schließlich können die Photonen noch den Laser durch die Endspiegel verlassen, was zu einer zusätzlichen Verlustrate

$$- 2 \varkappa_j n_j \tag{2}$$

führt, die wiederum proportional zu n_j ist.

Der wesentliche Witz besteht nun darin, daß die Inversion $(N_2 - N_1)$ selbst wieder von den Photonenzahlen abhängt.

Dazu betrachten wir den Laservorgang etwas genauer: Zuerst wird durch Energiezufuhr von außen eine bestimmte Inversion $(N_2 - N_1)_0$ hergestellt. Durch den Laserprozeß werden nun ständig Atome aus dem angeregten Zustand in den Grundzustand befördert, wodurch die Inversion absinkt. Da die zeitliche Abnahmerate (= Emissionsrate) proportional zur Photonenzahl ist, erwarten wir eine Verringerung von der Struktur:

$$\Delta I = - \sum_j c_j n_j$$

wobei wir über alle beteiligten Photonensorten j aufsummieren müssen und die c_j noch konstante Faktoren sind, die im Rahmen der Lasertheorie bestimmt werden.

Die tatsächliche Inversion $N_2 - N_1$, die in (1) auftritt, hat also die Gestalt

$$(N_2 - N_1) = (N_2 - N_1)_0 - \sum_{j'} c_{j'} \, n_{j'} \tag{3}$$

Setzen wir (3) in (1) ein und berücksichtigen noch (2), so erhalten wir für die zeitliche Änderung der Zahl der Photonen der Sorte j:

$$\frac{dn_j}{dt} = G_j (N_2 - N_1)_0 \, n_j - \left(\sum_{j'} G_j c_{j'} \, n_{j'} \right) n_j - 2 \varkappa_j n_j \tag{4}$$

Unsere obige Herleitung erhellt die Bedeutung der in Rede stehenden 3 Terme:

Der erste beschreibt die Laseremission bei „ungesättigter" Inversion. Der zweite entsteht durch die Änderung der Inversion beim Laserprozeß, der dritte durch den Verlust infolge der Spiegel. Das Auftreten einer Nichtlinearität durch den zweiten Term ist entscheidend für die Stabilität und damit die Kohärenz des Laserlichts.

Übrigens erlauben die Gleichungen (4), auch Erscheinungen in anderen Gebieten adäquat zu behandeln. So hatten wir vor einigen Jahren vorgeschlagen, diese in der Biologie anzuwenden. In der Tat stimmen z. B. die später von Eigen vorgeschlagenen Gleichungen zur Theorie der Evolution mit (4) überein.

Herr Nassenstein: Sie sprachen über die induzierte Transparenz und über die Verlangsamung der Ausbreitungsgeschwindigkeit. Welche Materialien kennt man bisher, und wie weit kommt man in der Verlangsamung heute? Können Sie etwas dazu sagen, oder kann man von der Theorie her etwas sagen über eine prinzipielle Grenze, die da existiert?

Herr Haken: Zunächst über die Materialien: Dieser Effekt ist beispielsweise in Rubin beobachtet worden und andererseits auch in Gasen. Der maximale Faktor für die Verlangsamung liegt bisher bei etwa 1000 gegenüber der Vakuumlichtgeschwindigkeit. Es existieren relativ komplizierte

Formeln für die Verringerung. In diese Formeln gehen u. a. das Dipolmoment der Atome und die Pulsdauer ein. Die Verringerung der Geschwindigkeit wird um so größer, je kürzer der Impuls ist. Da gibt es nun bestimmte Grenzen für diesen Impuls. Die äußerste Grenze wäre natürlich, daß sie nicht kürzer sein kann als die Frequenz des Lichtes selbst. Über andere prinzipielle Grenzen ist bisher leider nichts bekannt.

Herr Becker: Sie haben einen interessanten Vergleich zwischen dem Laser-Medium als thermodynamischem System und der normalen Thermodynamik, insbesondere der Phasenübergänge, gezogen. Mir sind dabei zwei Probleme unklar geblieben:

1. Bei einem Phasenübergang handelt es sich um eine Strukturänderung, beim Laser hingegen um eine Änderung der Energiezustände. Sie müssen im thermodynamischen Vergleich beide Änderungen einander gleichsetzen.

2. Formal können Sie zwar negative Temperaturen definieren, haben aber im Laser-System sicherlich keine Boltzmann-Verteilung vorliegen, auch nicht mit einer negativen Temperatur. Sie vergleichen also die Boltzmann-Verteilung der Gleichgewichtsthermodynamik mit einer Verteilung der Energiezustände im Laser, die durch irgendeine spezielle Verteilungsfunktion zu beschreiben ist, die sicher keine Boltzmann-Verteilung ist.

Wie werden diese beiden Probleme in der Thermodynamik der Laser-Systeme berücksichtigt?

Herr Haken: Vielleicht darf ich mit der zweiten Frage beginnen. Worauf ich mich zunächst bezog, war das einfache Modell eines Zwei-Niveau-Systems. Dort kann man für die Besetzungszahl formal eine Boltzmann-Verteilung angeben:

$$N_j \text{ ist proportional zu } N.e^{-\frac{W_i}{kT}}$$

Bei einer positiven Inversion läßt sich die gleiche Besetzungsformel angeben, jedoch mit einer negativen Temperatur. Das ist bekannt. Wenn man mehrere Niveaus hat, dann kann man nicht mehr eine einfache Verteilung dieser Art angeben. Dann kann man also in diesem Sinne keine Temperatur mehr definieren. Man müßte, was man auch gemacht hat, mehrere Temperaturen definieren. Da tut man sich leichter, wenn man von vornherein einfach die statistischen Besetzungszahlen angibt. Dies gilt natürlich erst recht, wenn man das gekoppelte System aus Atomen und Laserlichtfeld untersucht.

Insofern war die Aussage, daß eine Negativtemperatur herrscht, auf das Zweiniveausystem bezogen. Sie sollte suggerieren, daß eine neue Art von Thermodynamik verwendet werden muß.

Zu Ihrer ersten Frage: Es ist tatsächlich so, daß man, physikalisch gesehen, zwischen Phasenübergängen bei Strukturen und solchen in einem dynamischen System, wie dem Laser, unterscheiden muß. Ein typisches Beispiel für den ersteren Fall ist der Ferromagnet, bei dem die Spins *räumlich* geordnet sind. Beim Laser in seinem geordneten Zustand schwingen hingegen die Dipole in Phase. Trotzdem kann man formal mathematisch eine völlige eins-zu-eins-Korrespondenz herstellen, und zwar mit Hilfe des Ordnungsparameters. Wir haben gefunden, daß der Begriff des Ordnungsparameters, den Landau für Systeme im thermischen Gleichgewicht eingeführt hat, ein riesiges Gebiet abdeckt, das viele Systeme fern vom thermischen Gleichgewicht umfaßt. Genauso wie die Magnetisierung des Ferromagneten als Ordnungsparameter dient, der bestimmten Gleichungen genügt, so ist beim Laser die Lichtfeldamplitude dieser Ordnungsparameter, der ganz analogen Gleichungen genügt. Auf diesem Wege kommt also die bis in viele Einzelheiten gehende Analogie zustande.

Herr Hermann: Ist die Anwendung der Holographie für Flug- und Kraftfahrzeugsicherung nicht dadurch begrenzt, daß wegen der endlichen Linienbreite der Laser und der damit zusammenhängenden Kohärenzlänge holographische Bilder nur von solchen Gegenständen hergestellt werden können, die nicht weiter als einige Dezimeter oder Meter vom Laser entfernt sind?

Herr Haken: Im theoretischen Grenzwert kommt man auf Kohärenzlängen von 300 000 km. Das entspricht einer Frequenzschärfe von nur 1 Hertz. Das technische Rauschen kann man durch Kunstgriffe weitgehend ausschalten.

Veröffentlichungen
der Arbeitsgemeinschaft für Forschung des Landes Nordrhein-Westfalen
jetzt der Rheinisch-Westfälischen Akademie der Wissenschaften

Neuerscheinungen 1971 bis 1974

Vorträge N
Heft Nr.

NATUR-, INGENIEUR- UND
WIRTSCHAFTSWISSENSCHAFTEN

209	*Erwin Gärtner, Köln*	Die Vergasung von festen Brennstoffen – eine Zukunftsaufgabe für den westdeutschen Kohlenbergbau
	Rudolf Schulten, Aachen	Reaktoren zur Erzeugung von Wärme bei hohen Temperaturen
	Werner Peters, Essen	Entwicklung von Verfahren zur Kohlevergasung mit Prozeßwärme aus THT-Reaktoren
210	*Léon H. Dupriez, Löwen*	Währungsprobleme der EWG
	Wilhelm Krelle, Bonn	Die Ausnutzung eines gesamtwirtschaftlichen Prognosesystems für wirtschaftliche Entscheidungen
211	*Bernhard Rensch, Münster*	Probleme der Gedächtnisspuren
	Helmut Ruska †, Düsseldorf	Was kann der Biologe noch von der Elektronenmikroskopie erwarten?
212	*Franz Koenigsberger, Manchester*	Die Wechselwirkung zwischen Forschung und Konstruktion im Werkzeugmaschinenbau
	Rolf Hackstein, Aachen	Quantitative Analyse von Mensch-Maschine-Systemen
213	*Günter Schmölders, Köln*	Die öffentlichen Ausgaben als Elemente einer konjunkturpolitisch orientierten Haushaltsführung
	Erich Potthoff, Köln	Die Einheit der Unternehmensführung bei dezentralen Verantwortungsbereichen
214	*Martin Schmeißer, Dortmund*	Plasmachemie – ein aktuelles Teilgebiet der präparativen Chemie
	Gerhard Fritz, Karlsruhe	Bildung und Eigenschaften von Carbosilanen
215	*Charles Sadron, Orléans*	Die biologischen Makromoleküle
	Adolphe Pacault, Talence/Bordeaux	Einführung in eine phänomenologische Untersuchung der Evolution von Systemen
216	*Werner Th. O. Forßmann, Düsseldorf*	Moderne Knochenbruchbehandlung im allgemeinen Krankenhaus
	Carl-Heinz Fischer, Düsseldorf	Forschungsergebnisse und erste Erfahrungen mit einem neuen Kunststoff-Füllungsmaterial für die Zahnbehandlung
217	*Lothar Jaenicke, Köln*	Sexuallockstoffe im Pflanzenreich
218	*Gerard P. Baerends, Groningen*	Moderne Methoden und Ergebnisse der Verhaltensforschung bei Tieren
	Martin Lindauer, Frankfurt/M.	Orientierung der Bienen: Neue Erkenntnisse – neue Rätsel
219	*Fritz Micheel, Münster*	Reaktionen im flüssigen Fluorwasserstoff; Bildung von Kohlenwasserstoffen aus Kohlenhydraten
	Burchard Franck, Münster	Biosynthese biologisch aktiver Naturstoffe
220	*Basil Joseph Asher Bard, London*	Die Arbeit der National Research Development Corporation und ihre Beurteilung für den industriellen Fortschritt
	Walter Charles Marshall, Harwell	Die Umorientierung eines Kernforschungslaboratoriums
221	*Günter Ecker, Bochum*	Klassische Probleme der Gaselektronik in moderner Sicht
	Werner Rieder, Zürich	Plasma als Schaltmedium
222	*Sven Effert, Aachen*	Biomedizinische Technik
	Ludwig E. Feinendegen, Jülich	Nuklearmedizin im interdisziplinären Feld der Großforschung
223	*Peter A. Klaudy, Graz*	Energieübertragung durch tiefstgekühlte, besonders supraleitende Kabel
	Theodor Wasserrab, Aachen	Elektrospeicherfahrzeuge
224	*Karl Steimel, Frankfurt/M.*	Spurgeführter Schnellverkehr – Schnellverkehr auf der Grundlage des Rad-Schiene-Systems
	Herbert Weh, Braunschweig	Berührungsfreie Fahrtechnik für Schnellbahnen

225	Hans-Jürgen Engell, Düsseldorf	Sonderfälle der Korrosion der Metalle
	Winfried Dahl, Aachen	Die mechanischen Eigenschaften der Stähle – wissenschaftliche Grundlagen und Forderungen der Praxis
226	Wilhelm Dettmering, Essen	Entwicklungsschritte zur Überschallverdichterstufe
	Friedrich Eichhorn, Aachen	Verfahrenstechnische Entwicklung der Schweißtechnik und ihre Bedeutung für die industrielle Fertigung
227	Pierre Jollès, Paris	From Lysozymes to Chitinases: Structural, Kinetic and Crystallographic Studies
	Hugo W. Knipping, Köln	Tuberkulosebekämpfung in Tropenländern
228	Emanuel Vogel, Köln	Hückel-Aromaten
229	Gaston Dupouy, Toulouse	Microscopie électronique sous haute tension
	Jacques Labeyrie, Gif-sur-Yvette	L'astronomie des hautes énergies
230	André Lichnerowicz, Paris	Mathématique, Structuralisme et Transdisciplinarité
231	Donato Palumbo, Brüssel	Die Thermonukleare Fusion – ihre Aussichten, Probleme und Fortschritte – innerhalb der Europäischen Gemeinschaft
232	Oswald Kubaschewski, Teddington (England)	Praktische Anwendung der metallchemischen Thermodynamik
	Bruno Predel, Münster	Thermodynamik und Aufbau von Legierungen – einige neuere Aspekte
233	Klaus Wagener, Jülich	Entwicklung der irdischen Atmosphäre durch die Evolution der Biosphäre
234	Eduard Mückenhausen, Bonn	Die Produktionskapazität der Böden der Erde
	Hermann Flohn, Bonn	Globale Energiebilanz und Klimaschwankungen
235	Bernhard Sann, Aachen	Die Senkung der Maschinenleistung bei Steigerung der Gewinnungsleistung und die Einsteuerung von Maschinen für die schälende Gewinnung von Steinkohle
	Lothar Freytag, Westfalia Lünen	Möglichkeiten der Verwirklichung von Forschungs- und Versuchsergebnissen in der Konstruktion von Maschinen für die schälende Kohlengewinnung
236	Werner Reichardt, Tübingen	Verhaltensstudie der musterinduzierten Flugorientierung an der Fliege *Musca domestica*
	Werner Nachtigall, Saarbrücken	Biophysik des Tierflugs
237	Henry C. J. H. Gelissen, Wassenaar (Niederlande)	Maßnahmen zur Förderung der regionalen Wirtschaft, gesehen im Blickfeld der EWG
	Horst Albach, Bonn	Kosten- und Ertragsanalyse der beruflichen Bildung
238	Victor Potter Bond, Upton (USA)	The Impact of Nuclear Power on the Public: The American Experience
239	Hennig Stieve, Jülich	Mechanismen der Erregung von Lichtsinneszellen
240	Edmund Hlawka, Wien	Mathematische Modelle der kinetischen Gastheorie
241	Werner Buckel, Karlsruhe	Aktuelle Probleme der Supraleitung
	Werner Schilling, Jülich	Zwischengitteratome in Metallen
242	Reimar Lüst, München	Plasma-Experimente im Weltraum
243	Giuseppe Montalenti, Rome	Recent advances in the understanding of some selective mechanisms in man
	G. H. Ralph von Koenigswald, Frankfurt/M.	Entwicklungstendenzen der frühen Hominiden
244	Volker Aschoff, Aachen	Aus der Geschichte der Nachrichtentechnik
245	Lucien Coche, Paris	Angewandte Forschung für die Stahlerzeugung in den Unternehmen, auf nationaler Ebene und in der Europäischen Gemeinschaft
	Ludwig von Bogdandy, Duisburg	Wechselwirkungen zwischen physikalisch-chemischer Grundlagenforschung, theoretischer Metallurgie und großindustrieller Stahlerzeugung
246	Theodor Wieland, Heidelberg	Cyclische Peptide als Werkzeuge der molekularbiologischen Forschung
	Karl-Dietrich Gundermann, Clausthal-Zellerfeld	Grundlagen und Anwendungsmöglichkeiten von Chemilumineszenz, der Umwandlung von chemischer Energie in Licht
247	Martin J. Beckmann, München und Providence, R. I.	Wirtschaftliches Wachstum bei erschöpfbaren Ressourcen
	Peter Schönfeld, Bonn	Neuere Beiträge zur statistischen Behandlung autoregressiver Regressionsmodelle
248	Hermann Haken, Stuttgart	Quantenoptik, Laser, nichtlineare Optik

ABHANDLUNGEN

Band Nr.

20	*Theodor Schieder, Köln*	Das deutsche Kaiserreich von 1871 als Nationalstaat
21	*Georg Schreiber †, Münster*	Der Bergbau in Geschichte, Ethos und Sakralkultur
22	*Max Braubach, Bonn*	Die Geheimdiplomatie des Prinzen Eugen von Savoyen
23	*Walter F. Schirmer, Bonn, und Ulrich Broich, Göttingen*	Studien zum literarischen Patronat im England des 12. Jahrhunderts
24	*Anton Moortgat, Berlin*	Tell Chuēra in Nordost-Syrien. Vorläufiger Bericht über die dritte Grabungskampagne 1960
25	*Margarete Newels, Bonn*	Poetica de Aristoteles traducida de latin. Ilustrada y comentada por Juan Pablo Martir Rizo (erste kritische Ausgabe des spanischen Textes)
26	*Vilho Niitemaa, Turku, Pentti Renvall, Helsinki, Erich Kunze, Helsinki, und Oscar Nikula, Abo*	Finnland – gestern und heute
27	*Ahasver von Brandt, Heidelberg, Paul Johansen, Hamburg, Hans van Werveke, Gent, Kjell Kumlien, Stockholm, Hermann Kellenbenz, Köln*	Die Deutsche Hanse als Mittler zwischen Ost und West
28	*Hermann Conrad †, Gerd Kleinheyer, Thea Buyken und Martin Herold, Bonn*	Recht und Verfassung des Reiches in der Zeit Maria Theresias. Die Vorträge zum Unterricht des Erzherzogs Joseph im Natur- und Völkerrecht sowie im Deutschen Staats- und Lehnrecht
29	*Erich Dinkler, Heidelberg*	Das Apsismosaik von S. Apollinare in Classe
30	*Walther Hubatsch, Bonn, Bernhard Stasiewski, Bonn, Reinhard Wittram †, Göttingen, Ludwig Petry, Mainz, und Erich Keyser, Marburg (Lahn)*	Deutsche Universitäten und Hochschulen im Osten
31	*Anton Moortgat, Berlin*	Tell Chuēra in Nordost-Syrien. Bericht über die vierte Grabungskampagne 1963
32	*Albrecht Dihle, Köln*	Umstrittene Daten. Untersuchungen zum Auftreten der Griechen am Roten Meer
33	*Heinrich Behnke und Klaus Kopfermann (Hrsg.), Münster*	Festschrift zur Gedächtnisfeier für Karl Weierstraß 1815–1965
34	*Joh. Leo Weisgerber, Bonn*	Die Namen der Ubier
35	*Otto Sandrock, Bonn*	Zur ergänzenden Vertragsauslegung im materiellen und internationalen Schuldvertragsrecht. Methodologische Untersuchungen zur Rechtsquellenlehre im Schuldvertragsrecht
36	*Iselin Gundermann, Bonn*	Untersuchungen zum Gebetbüchlein der Herzogin Dorothea von Preußen
37	*Ulrich Eisenhardt, Bonn*	Die weltliche Gerichtsbarkeit der Offizialate in Köln, Bonn und Werl im 18. Jahrhundert
38	*Max Braubach, Bonn*	Bonner Professoren und Studenten in den Revolutionsjahren 1848/49
39	*Henning Bock (Bearb.), Berlin*	Adolf von Hildebrand Gesammelte Schriften zur Kunst
40	*Geo Widengren, Uppsala*	Der Feudalismus im alten Iran
41	*Albrecht Dihle, Köln*	Homer-Probleme
42	*Frank Reuter, Erlangen*	Funkmeß. Die Entwicklung und der Einsatz des RADAR-Verfahrens in Deutschland bis zum Ende des Zweiten Weltkrieges
43	*Otto Eißfeldt †, Halle, und Karl Heinrich Rengstorf (Hrsg.), Münster*	Briefwechsel zwischen Franz Delitzsch und Wolf Wilhelm Graf Baudissin 1866–1890
44	*Reiner Haussherr, Bonn*	Michelangelos Kruzifixus für Vittoria Colonna. Bemerkungen zu Ikonographie und theologischer Deutung

45	*Gerd Kleinheyer, Regensburg*	Zur Rechtsgestalt von Akkusationsprozeß und peinlicher Frage im frühen 17. Jahrhundert. Ein Regensburger Anklageprozeß vor dem Reichshofrat. Anhang: Der Statt Regenspurg Peinliche Gerichtsordnung
46	*Heinrich Lausberg, Münster*	Das Sonett *Les Grenades* von Paul Valéry
47	*Jochen Schröder, Bonn*	Internationale Zuständigkeit. Entwurf eines Systems von Zuständigkeitsinteressen im zwischenstaatlichen Privatverfahrensrecht aufgrund rechtshistorischer, rechtsvergleichender und rechtspolitischer Betrachtungen
48	*Günther Stökl, Köln*	Testament und Siegel Ivans IV.
49	*Michael Weiers, Bonn*	Die Sprache der Moghol der Provinz Herat in Afghanistan
50	*Walther Heissig (Hrsg.), Bonn*	Schriftliche Quellen in Moġolī. 1. Teil: Texte in Faksimile
51	*Thea Buyken, Köln*	Die Constitutionen von Melfi und das Jus Francorum
52	*Jörg-Ulrich Fechner, Bochum*	Erfahrene und erfundene Landschaft. Aurelio de'Giorgi Bertòlas Deutschlandbild und die Begründung der Rheinromantik
53		Symposium ‚Mechanoreception'
54	*Richard Glasser, Neustadt a. d. Weinstr.*	Über den Begriff des Oberflächlichen in der Romania
55	*Elmar Edel, Bonn*	Die Felsgräbernekropole der Qubbet el Hawa bei Assuan. II. Abteilung. Die althieratischen Topfaufschriften aus den Grabungsjahren 1972 und 1973

Sonderreihe
PAPYROLOGICA COLONIENSIA

Vol. I
Aloys Kehl, Köln

Der Psalmenkommentar von Tura, Quaternio IX
(Pap. Colon. Theol. 1)

Vol. II
Erich Lüddeckens, Würzburg,
P. Angelicus Kropp O. P., Klausen,
Alfred Hermann † und Manfred Weber, Köln

Demotische und
Koptische Texte

Vol. III
Stephanie West, Oxford

The Ptolemaic Papyri of Homer

Vol. IV
Ursula Hagedorn und Dieter Hagedorn, Köln,
Louise C. Youtie und Herbert C. Youtie,
Ann Arbor

Das Archiv des Petaus (P. Petaus)

Vol. V
Angelo Geißen, Köln

Katalog Alexandrinischer Kaisermünzen der Sammlung des Instituts für Altertumskunde der Universität zu Köln
Band I: Augustus-Trajan (Nr. 1–740)

Vol. VI
J. David Thomas, Durham

The epistrategos in Ptolemaic and Roman Egypt. Part 1: The Ptolemaic epistrategos

SONDERVERÖFFENTLICHUNGEN

Der Minister für Wissenschaft und
Forschung
des Landes Nordrhein-Westfalen
– Landesamt für Forschung –

Jahrbuch 1963, 1964, 1965, 1966, 1967, 1968, 1969, 1970 und 1971/72 des Landesamtes für Forschung

Verzeichnisse sämtlicher Veröffentlichungen der Arbeitsgemeinschaft
für Forschung des Landes Nordrhein-Westfalen, jetzt der
Rheinisch-Westfälischen Akademie der Wissenschaften, können beim
Westdeutschen Verlag GmbH, 567 Opladen, Postfach 1620, angefordert werden.

GPSR Compliance
The European Union's (EU) General Product Safety Regulation (GPSR) is a set
of rules that requires consumer products to be safe and our obligations to
ensure this.

If you have any concerns about our products, you can contact us on

ProductSafety@springernature.com

In case Publisher is established outside the EU, the EU authorized
representative is:

Springer Nature Customer Service Center GmbH
Europaplatz 3
69115 Heidelberg, Germany